8-S Pièce
5317

1890

LA PÊCHE
DE LA

CARPE

à la traînée ou cordée

FIGURES

EXPLICATIVES

INTERCALÉES

DANS

LE TEXTE

*Manière de procéder à cette Pêche ;
description détaillée des Engins.*

*Recettes d'Appâts pour tendre soit
à la Fève, soit à la Pâte.*

PAR UN PÊCHEUR DE LA MAYENNE
Auteur du Fish-Book

PRIX

1 FR. 50

DEUXIÈME
ÉDITION

Imprimerie H. LECLERC, rue des Juifs, 23
CHATEAU-GONTIER

LA PÊCHE

DE LA

CARPE

à la traînée ou cordée

Manière de procéder à cette Pêche ; description détaillée des Engins.

Recettes d'Appâts pour tendre soit à la Fève, soit à la Pâte.

PAR UN PÊCHEUR DE LA MAYENNE

Auteur du Fish-Book

1890

AVEC FIGURES

EXPLICATIVES

INTERCALÉES

DANS

LE TEXTE

PRIX

1 FR. **50**

DEUXIÈME
ÉDITION

Imprimerie H. LECLERC, rue des Juifs, 23
CHATEAU-GONTIER

AVANT-PROPOS

Ans contredit, la pêche de la Carpe à la ligne est, de tous les sports, celui qui exige le plus d'habileté et offre le plus de jouissance pour les pêcheurs, vraiment dignes de ce nom. Mais cette pêche, outre que les vrais amateurs sont rares, présente certaines difficultés de pratique, dont nous nous contenterons de signaler les principales.

Il est facile aujourd'hui, nous le reconnaissons, de se procurer de bons engins, mais cela ne suffit pas. Il faut, tout d'abord, pouvoir se faire, dans les rivières ou cours d'eau, ce qu'on est convenu d'appeler *un endroit*, c'est-à-dire une place à l'abri des nécessités de la navigation marchande ou de plaisance, du va-et-vient des riverains, du bruit des promeneurs, car cette pêche demande la plus grande tranquillité et le silence le plus absolu.

Il faut aussi s'armer d'une patience à toute épreuve, car les touches sont rares, et bien peu de personnes, à moins d'être passionnées pour la ligne, sont capables de s'assujettir à passer des cinq ou six heures sur l'eau — et cela pendant des semaines — sans être assurées d'un coup.

Enfin, seriez-vous doué de cette patience de Bénédictin, il faudrait encore avoir le loisir de l'exercer, et tous les pêcheurs n'ont pas, à suivre, des journées entières à leur disposition.

Que d'inconvénients donc pour chercher

un résultat trop souvent problématique !

L'exercice, au contraire, que nous recommandons dans cet opuscule, c'est-à-dire la
pêche de la Carpe à la *traînée* ou *cordée*
(d'autres disent encore *cordeau*), tout en
étant fort intéressant, n'exige point autant
de patience ni de temps.

Le soir, après le travail ou les occupations
de la journée, une heure suffit pour tendre
une soixantaine d'hameçons. Vous allez ensuite vous reposer tranquillement, rêvant à
quelque belle prise, et le matin, en quelques
instants, vous pouvez relever vos lignes de
fond et les amorcer de nouveau pour les
laisser tendues dans le milieu du jour. De
cette façon, non seulement vous avez plus
de chance de réussir qu'à la ligne tenue à
la main, mais encore vous n'usez point votre
patience, si nécessaire dans la vie.

Lorsque les Carpes, entraînées par la
gourmandise, se prennent seules à vos
appâts, il vous reste un mérite — qui n'est

point à dédaigner — celui de livrer le dernier combat et de les amener à merci.

Cette lutte n'est pas sans intérêt ; elle exige beaucoup de sang-froid et d'adresse, car l'ennemi se défendra toujours jusqu'à la dernière extrémité.

Que dire si, au lieu d'une carpe à votre traînée, vous en voyez bondir deux, trois et quelquefois quatre! Quelle satisfaction pour un pêcheur de sortir vainqueur de ce combat et de revenir chargé d'un pareil butin !

Cette pêche, nous en parlons par expérience, — a de grands attraits, mais elle a ses secrets : ce sont ces secrets que nous venons vous dévoiler aujourd'hui, persuadé que nous sommes, de vous procurer, un jour ou l'autre, quelques heures agréables.

S. DE MONTOZON.

Château-Gontier, le 1er Juin 1890.

I

Des Carpes, de leurs habitudes et des lieux qu'elles fréquentent.

Nous n'avons point l'intention de faire, sur la Carpe, un cours d'histoire naturelle et de compter, en professant, combien ce Cyprin peut avoir de rayons aux nageoires ou d'écailles sur le dos, détails d'ailleurs parfaitement oiseux pour le pêcheur.

Désireux toutefois de relever une erreur, accréditée par quelques Naturalistes en chambre, qui prétendent que la Carpe n'a point de dents aux mâchoires, nous affirmons, — et nous sommes prêt à en fournir la preuve, — que la

mâchoire supérieure de la Carpe est garnie de
six dents molaires, rangées trois à trois, et que
l'inférieure possède un os cartilagineux de la
forme d'une petite olive aplatie, ce qui démontre
une fois de plus que la nature, toujours pré-
voyante, a muni ces poissons, à mesure qu'ils
vieillissent, d'organes plus résistants, destinés à
appuyer et à leur aider à broyer les aliments
dont ils sont très friands, à savoir les moules
et plusieurs coquillages dont sont remplis les
fonds de certains cours d'eau.

Ces dents ne commencent à paraître chez les
Carpes que lorsqu'elles atteignent le poids de
4 à 5 kilos, c'est-à-dire lorsqu'elles sont à peine
adultes, car la longévité de ce poisson est pro-
digieuse, s'il faut en croire Buffon, qui a observé,
dans les fossés du Château de Pontchartrain,
des Carpes âgées de cent cinquante ans et encore
très agiles pour leur âge.

Les Carpes de Fontainebleau sont également
légendaires.

Ce qu'il faut constater, c'est que la Carpe est
le poisson d'eau douce le plus commun, qu'il
vive dans les fleuves, comme le Rhin et la Loire,
où il est si justement renommé, — dans les

rivières, comme la Sarthe, la Mayenne, la
Vienne, etc., où il est excellent, — ou même
dans les lacs et les étangs.

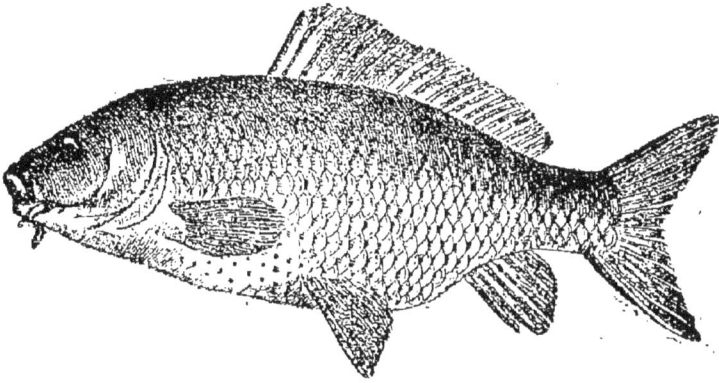

Ce poisson se multiplie à l'infini, bien qu'il
ne puisse se reproduire avant la troisième année
de son âge, mais il croit très promptement. Le
nombre d'œufs augmente chez les femelles en
proportion de leur accroissement; on a pu en
compter, dans une de 3 kilos, jusqu'à six cent
vingt-et-un mille. Il en réussit à peine un sur
cent, balayés qu'ils sont par les remous ou
dévorés par deux terribles ennemis : les an-
guilles et les ablettes.

La Carpe fraye dans la première ou deuxième
quinzaine de juin, selon la température. Elle

dépose ses œufs le long des rives, près des joncs et autour des îles. La femelle, ordinairement suivie d'un ou plusieurs mâles, ne recherche que les eaux tranquilles, à l'abri des remous et des courants.

Le moment du frai est telle pour la Carpe qu'elle devient folle et qu'on peut la prendre à l'épuisette, presque à la main, quand on ne la prend pas aux *verveux* ou *louves*, tendus au milieu des herbes. Nous avons été témoin, dans la Mayenne, d'un fait extraordinaire : le hasard nous ayant conduit près d'une île, autour de laquelle frayaient des Carpes, nous en prîmes six de suite, — la plus petite pesait 7 livres, — sans que les autres, effrayées, songeassent le moins du monde à s'enfuir. Une mauvaise épuisette de rebut, oubliée dans un des coffres du bateau, céda sous le poids de la sixième et nous servit à faire cette pêche, aussi miraculeuse que prohibée.

Les deux premières années, on appelle *feuilles* les petites Carpes; après trois ans, elles prennent le nom d'*alvins* ou *tiercelets*, c'est alors qu'on les choisit pour empoissonner les étangs et les cours d'eau.

Ce poisson n'aime pas la solitude ; il vit en troupe, se choisit des endroits où il se cantonne et d'où il est difficile de le faire sortir. Il est donc très important, pour le pêcheur, de connaître ces cantonnements, que l'on appelle *lans* dans la Mayenne, et qui ont quelquefois une certaine étendue. Généralement, il faut aller chercher la Carpe dans les grandes profondeurs ; nous connaissons des *lans* profonds de seize à vingt pieds : ce sont les meilleurs pour la pêche que nous recommandons.

Il fait également bon pêcher au pied des rocs, autour des piles d'un pont et sur le sable fin, à une certaine distance des barrages. Dans une espèce de terre glaise, assez résistante, appelée chez nous *croquet* et qui se continue jusqu'au bord, elles savent se créer des refuges et même de véritables garennes, creusées jusque sous la rive. C'est de là qu'elles sortent, toujours en nombre, pour aller chercher leur pâture, principalement la nuit.

Un certain nombre de pêcheurs leur font des refuges artificiels auxquels elles s'habituent bien vite, en coulant bas de vieux bois de charpente ou des bateaux hors d'usage qu'ils remplissent

de pierres. Ce procédé peut être excellent pour
la pêche, mais il amène infailliblement des
démêlés avec le service de la Navigation et
même des procès-verbaux.

Une des premières préoccupations du pêcheur,
nous l'avons dit, doit donc être de connaître
exactement l'étendue et la profondeur des *lans*,
pour appâter d'abord, pour pêcher ensuite. Il
suffit d'observer, dans les belles soirées de juillet
et d'août, les endroits où les Carpes sautent et
prennent leurs ébats : vous pouvez être sûr que
le *lan* n'est pas loin. Mais pour avoir, à cet
égard, une certitude absolue, nous recommandons un moyen — inédit — dont nous nous
sommes toujours bien trouvé.

Lorsque, dans un parage déterminé, vous avez
pris une Carpe de 5 à 8 livres et que vous veuillez
être absolument fixé, à quelques dix mètres près,
sur l'endroit qu'habitait la belle, qui n'est jamais
seule, soyez-en bien persuadé, faites ceci :
prenez un morceau de bois d'une longueur de
vingt à vingt-cinq centimètres, d'une épaisseur
de quatre à cinq centimètres environ ; attachez-le
à une ficelle neuve, un peu forte, dont l'autre
extrémité sera solidement fixée à la crémaillère

de votre Carpe. — (La crémaillère est la première arête à scie de la nageoire dorsale.) — Ayez soin que votre ficelle, ou fouet tressé, ce qui vaut mieux, ait au moins un mètre de plus que la partie la plus profonde de l'endroit où vous avez fait pêche.

Rejetez à l'eau votre poisson, ainsi attaché à un flotteur, et soyez attentif : ce sera le traître qui livrera ses camarades, s'en sans douter. Tout d'abord il plongera et vous ne verrez plus rien ; mais, attendez ! En ramant doucement et en observant de tous les côtés, vous ne tarderez pas à voir reparaître le flotteur ; suivez-le sans faire de bruit et sans vouloir l'approcher de trop près. La Carpe en laisse se fatiguera petit à petit, s'orientera vite et ne s'arrêtera définitivement qu'au refuge de toute la bande. Remarquez bien l'endroit et repêchez votre poisson avec l'épuisette ou, pour finir de le fatiguer, attachez-le à votre bateau et ramez un peu plus vite.

Je ne conseillerais pas de tenter cette expérience dans une rivière couverte d'herbes résistantes ou dont le fonds serait embarrassé de bois et de vieux arbres : vous perdriez infailliblement votre prise. D'ailleurs, les jeunes pêcheurs se hasardent difficilement, — et ils ont tort, — à cette épreuve, qu'ils considèrent comme périlleuse ; il faut être un pêcheur endurci pour la tenter avec confiance, et cependant elle réussit presque à coup sûr.

II

Des saisons de pêche, du temps et des heures les plus favorables ; des appâts.

Aɴs les étangs, on peut pêcher presque toute l'année, sauf deux ou trois mois d'hiver pendant lesquels les Carpes vivent dans un espèce d'engourdissement qui les empêche de prendre aucune nourriture : en passant, je ferai remarquer que le meilleur appât, dans les étangs ou pièces d'eau, est le ver de terre, ver rouge ou jaune annelé, qu'on appelle communément *achée*.

Dans les rivières ou cours d'eau, à courant

plus ou moins rapide, on peut pêcher immédiatement après le frai, c'est-à-dire vers le 15 ou 20 juin, époque de l'ouverture de la pêche. En général, la Carpe redoute également les grands froids et les grandes chaleurs : elle ne mange pas, lorsqu'elle subit l'influence de ces températures extrêmes ou d'un changement de temps.

La meilleure saison pour prendre la Carpe est, sans contredit, du 15 août au 15 octobre : *le mois de Septembre est le mois de la pêche par excellence.* A cette époque, non-seulement les Carpes mordent bien la nuit, mais encore pendant la journée. Lorsque vient la Toussaint et que paraissent les premières gelées, il faut renoncer à la pêche à la traînée.

On peut prendre des Carpes au printemps, si le temps est doux, bien qu'elles ne mordent pas avec voracité.

A la fin de l'été et à l'automne, les heures de pêche les plus favorables sont de 4 à 9 heures du matin et de 3 à 5 heures du soir. En mars et en avril, au contraire, c'est de 10 heures du matin à 2 heures de l'après-midi qu'on peut le mieux réussir.

Il faut préférablement choisir, pour tendre, un

temps doux et humide : après une pluie chaude et par un temps *légèrement* orageux, il est rare qu'on n'ait pas de nombreuses touches.

Sans être superstitieux, l'expérience m'a fait constater qu'on réussissait beaucoup mieux à certaines phases de la lune : nouvelle lune et premier quartier.

Dans nos régions, le vent du sud-ouest est le plus favorable à cette pêche. On ne fait généralement rien par le vent du nord : quelquefois les Carpes mordent encore par le vent d'est, mais c'est assez rare. Pour la pêche à la traînée, un peu de vent et de l'eau agitée sont de beaucoup préférables à un temps absolument calme.

Ainsi donc, en résumé : un temps doux et humide, la nouvelle lune, un vent sud-ouest, même assez fort, sont pour le pêcheur les meilleures conditions de succès.

Reste la question des appâts, très importante pour cette pêche. Je sais qu'on peut prendre sans appâter, mais *c'est l'exception*. Pour avoir des chances certaines de réussite, il est nécessaire d'appâter à l'avance et de se faire un *endroit*. Ne jetez jamais beaucoup d'appât à la fois, mais appâtez régulièrement pendant une semaine au moins, tous les deux jours et aux mêmes heures ; de cette façon vous habituerez les Carpes à venir chercher leur nourriture d'une façon régulière et aux mêmes lieux.

Faut-il appâter avec les mêmes amorces que l'on met aux hameçons ? — C'est l'opinion d'un certain nombre de pêcheurs, mais je ne suis pas de cet avis. Je pense qu'il vaut mieux réserver les friandises pour le moment sérieux et mettre les Carpes en appétit avec des préparations moins recherchées : n'est-ce pas chose reconnue que le changement de mets est un excitant pour l'estomac alors surtout que l'on garde pour le dessert les mets les plus fins et les plus délicats.

Voici la composition de l'appât dont je me sers et que je recommande aux amateurs d'une façon spéciale :

Prenez un kilo de tourteau de chènevis frais que vous réduisez en poudre, un quart de livre de blé, un quart de livre d'orge, deux livres de pommes de terre (que vous pelez préalablement) et une bonne poignée de fèves de marais ; faites cuire le tout pendant deux à trois heures et quand le tout est bien cuit, laissez refroidir ; ajoutez une demi-livre de miel jaune pour agglutiner et pétrissez vigoureusement, avec addition de cinq à six gouttes d'essence d'anis. Faites des boules de 125 grammes environ que vous jetterez à l'endroit choisi : deux ou trois suffisent. Ces boules sont assez grosses pour que les petits poissons ne puissent facilement les entamer. Vous pouvez, dans cet appât, ajouter comme purgatif huit à dix gouttes d'huile de Croton.

Il est encore un autre point controversé : est-il nécessaire de mettre des odeurs dans les appâts ou amorces ? — Beaucoup de pêcheurs vous diront oui, se fondant avec raison sur ce que la Carpe est douée de nerfs olfactifs et que, conséquemment, elle ne doit pas être insensible à certaines odeurs ; cela est vrai, les poissons sentent, et s'ils se trouvent agréablement attirés, dans la recherche de leur nourriture, à tel ou tel endroit, il est présumable qu'ils n'en seront que plus voraces ; voilà pourquoi, dans la composition des appâts, on fait entrer toujours quelques odeurs plus ou moins pénétrantes.

Il ne faut pas cependant pousser ce raisonnement à l'extrême : j'admets l'odeur comme pouvant attirer le poisson — et encore faut-il que l'appât n'ait pas séjourné trop longtemps dans l'eau — mais non comme pouvant exciter son appétit.

L'expérience m'a prouvé d'une façon irréfragable que, dans la confection des appâts ou des amorces, l'élément principal de succès est non pas l'odeur, mais *la bonne cuisson*.

Tout est là : que le pêcheur de Carpes ne l'oublie jamais. Entre deux amorces, la Carpe préférera toujours l'appât le mieux cuit, le plus tendre, à l'appât le plus parfumé. J'en ai fait l'essai bien des fois et je suis revenu de cette manie — que j'ai partagée longtemps, du reste — de transformer mon attirail de pêche en succursale de Lubin ou de Piver.

Je terminerai cette partie en recommandant de toujours *saler* les appâts, tant au point de vue du goût qu'à celui de la conservation : pour ceux qui tiendront à mettre dans les amorces plus ou moins d'odeurs, qu'ils se rappellent bien qu'ils ne devront jamais parfumer qu'à froid.

III

Des différents appâts et de leur composition.

Pour simplifier, nous diviserons les appâts ou amorces en deux sortes : *la pâte* et *les fèves*. Nous allons successivement passer en revue chacun d'eux, en donnant, sur les quantités à employer, les mélanges à faire, le mode et le temps de la cuisson, les indications les plus précises et les plus minutieuses.

Nous ferons connaître aussi la recette de certaines *liqueurs* ou *préparations* que l'on peut faire à l'avance et qui gagnent en vieillissant, à

la condition d'être bien bouchées et soigneuse-
ment conservées au frais. On s'en sert également
pour faire cuire et parfumer la pâte ou les fèves.

PATE

PREMIÈRE RECETTE

Tout d'abord, il s'agit de faire une infusion,
comme pour le thé. Vous mettez sur un feu vif
un récipient bien étamé et assez grand, une
braisière par exemple, que vous remplissez d'eau
chaude aux trois quarts (cinq à sept litres).
Lorsque l'eau est entrée en ébullition, jetez-y
une forte poignée de serpolet ou thym sauvage
et laissez bouillir au moins dix minutes, en ayant
bien soin de recouvrir le vase, pour qu'il y ait
le moins possible d'évaporation.

Vous retirez ensuite du feu et laissez refroidir;
l'eau devra avoir pris une teinte vert-foncé et
répandre une odeur pénétrante.

Préparez ensuite les ingrédients suivants :

Tourte de chènevis écrasée.	250	grammes.
Gruyère vieux râpé.	250	—
Farine de seigle.	3	livres.

Remuez et mélangez bien le tout dans une terrine en grès.

Prenez ensuite, dans l'infusion de serpolet, la quantité d'eau nécessaire (elle devra être tiède) pour boulanger le mélange ci-dessus et arriver à en faire une pâte assez consistante, ni trop dure, ni trop molle. Pour atteindre ce résultat, il est nécessaire de ne prendre que peu à peu de l'eau de l'infusion et de pâtisser pendant au moins *une demi-heure*; je me sers même d'un rouleau de pâtisserie pour étendre la pâte et lui donner plus d'homogénéité. Lorsqu'elle est devenue compacte, sans être dure, vous partagez la pâte en trois pains, auxquels vous donnez cette forme allongée, 12 à 16 centimètres de long sur 8 à 9 de large :

Vous recouvrez ces pains d'une mousseline très fine, pour qu'ils se fendent le moins possible et n'adhèrent point au fond du vase pendant la cuisson, et vous les déposez avec soin dans le récipient où se trouve l'infusion.

Vous remettez sur le fourneau et laissez cuire à
feu doux mais égal (employez de préférence le gaz,
qu'il est toujours facile de régler), pendant une
heure et demie à deux heures. Surveillez atten-
tivement la cuisson et lorsque vous verrez les
pains *surnager*, attendez dix minutes encore :
ils sont suffisamment cuits. Retirez et mettez-
les dans un endroit frais. Cinq à six heures après,
vous pouvez vous en servir pour amorcer, comme
il est dit au chapitre IV, page 32.

Si l'on veut conserver ces pains pendant six à
huit jours, il suffira de les plonger de temps en
temps dans l'eau tiède deux ou trois minutes,
pour les empêcher de se dessécher.

SECONDE RECETTE

Faire la même pâte avec de l'eau froide, dans
laquelle on a fait préalablement dissoudre un
quart de livre de miel jaune par pain. N'employer, dans ce cas, que de la farine de seigle
nouveau fraîchement moulu ; ajouter un peu de
jalap, un quart d'once à peu près.

Laisser reposer la pâte une heure avant de la
faire cuire : trois quarts d'heure de cuisson
suffisent. Jeter dans l'eau de la cuisson, en même

temps que les pains, une forte poignée de serpolet.

Comme on le voit, cette recette, plus simple à faire, diffère de la précédente en ce qu'il n'y a point d'infusion et qu'il n'y entre *ni tourte de chènevis ni fromage,* qui sont remplacés par du miel avec un purgatif.

Je recommande surtout la première.

FÈVES

Parmi les grosses, il faut préférablement choisir : la fève de *Séville,* celle de *Windsor* et la *gorgane* ou grosse fève de marais.

Dans les petites, les meilleures sont : la fève *naine hâtive* et la *féverolle.*

PREMIÈRE RECETTE

Lorsque vous avez fait choix des fèves que vous voulez faire cuire, il est indispensable de les mettre à tremper dans l'eau tiède trente-six heures avant la préparation de l'appât, pour qu'elles puissent se refaire et cuire sans crever ; pour les fèves de l'année, vingt-quatre heures de trempage suffisent.

Vous devez être muni d'une marmite ou bas-

sine spéciale en cuivre, bien étamée à l'intérieur
et pouvant se fermer hermétiquement ; une petite
ouverture sur le couvercle laissera échapper la
vapeur.

Vous prenez un litre de belles gorganes, vous
ajoutez de l'eau en quantité suffisante pour
qu'elles soient à nage et vous les faites cuire avec
les additions suivantes :

Un quart de litre de blé.
Un quart de litre d'orge.
Une forte poignée d'anis en branche.
Un peu de sauge et de menthe sauvage.
Un bon verre à Bordeaux de cognac.

Couvrez bien votre marmite ; placez-la sur un
feu légèrement vif et faites partir à *petits bouil-
lons ;* il est rigoureusement nécessaire que cet
appât cuise d'une façon uniforme et presque à
l'étuvée. Une heure et demie à deux heures
suffisent pour une bonne cuisson.

Cette cuisson demande à être surveillée atten-
tivement ; une demi-heure avant de retirer
l'appât du feu et lorsque vous jugez les fèves à
peu près cuites, ajoutez une bonne cuillerée de
miel jaune. En le mettant au début, avec les

autres ingrédients, vous risquez de faire durcir vos fèves, ce qu'il faut éviter avec soin.

Quand on veut donner à l'appât une belle couleur acajou, il suffit d'ajouter deux ou trois pincées de fleurs de souci.

Cet appât, bien réussi, doit être odorant et avoir l'apparence d'une gelée ; voilà pourquoi je ne conseillerai jamais *de remettre de l'eau* pendant la cuisson. Si l'eau se consomme par trop, il arrive ceci : les fèves du dessus crèvent et noircissent, c'est vrai ; mais en enlevant les premières couches, on trouve au-dessous un appât excellent, c'est-à-dire des fèves dorées et onctueuses.

Trois heures après la cuisson, on peut se servir de cet appât ; ne le laisser refroidir que lentement, à l'air ; mais sans enlever le couvercle de la bassine.

DEUXIÈME RECETTE

Faire cuire les fèves de la même façon, mais avec les ingrédients suivants :

Même quantité de blé et d'orge.
Une bonne poignée de fleurs de sureau.
Trois à quatre gouttes d'essence d'anis.

Une cuillerée de miel.

Un soupçon de camphre et deux gouttes d'essence de musc.

Pour cet appât, comme pour le précédent, on peut le faire cuire sur le feu ou *au four*.

Dans ce dernier cas, lutez les bords de votre bassine avec de la pâte et recommandez bien au boulanger de ne mettre votre appât à cuire que quatre heures après la dernière fournée ; si le four était trop chaud, vos fèves seraient desséchées. Il faut une chaleur moyenne et quatre à six heures de cuisson.

Quand on peut attraper, dans la cuisson au four, le degré voulu, on a le meilleur des appâts.

LIQUEURS

PRÉPARATION MALLET

Faites brûler un litre de bonne eau-de-vie avec une demi-livre de sucre ; ajoutez-y une pleine cuillerée de miel, et, quand le tout est bien dissous, éteignez le punch en y versant :

Essence d'anis. . . .	8 grammes.
Essence de citron . .	4 grammes.
Essence de musc. . .	2 gouttes.

Et, comme purgatif, 15 à 20 gouttes d'huile de Croton.

Mettez cette liqueur, quand elle est froide, dans une bouteille, ou mieux dans un vase en grès, que vous boucherez hermétiquement. Elle s'améliore avec le temps.

Quand les fèves sont cuites et refroidies, on met une trentaine de gouttes de cette liqueur pour parfumer l'appât. On peut également pétrir la pâte avec du miel et une cuillerée de la liqueur.

PRÉPARATION MARAIS

Eau-de-vie	8 décilitres.
Sucre	160 grammes.
Miel	160 grammes.
Essence d'anis . . .	20 gouttes.
Essence de citron . .	20 gouttes.
Essence de menthe .	10 gouttes.
Huile de Croton . .	15 gouttes.

On fait d'abord dissoudre le sucre dans de l'eau-de-vie à froid, puis le miel dans l'eau-de-vie sucrée; on verse ce mélange dans une bouteille et on y introduit d'abord l'huile de Croton,

puis successivement les trois autres essences :
il faut avoir soin d'agiter fortement la bouteille,
de manière à ce que le mélange soit bien
homogène.

Pour s'en servir, on en verse une cuillerée,
soit sur les fèves, soit dans la pâte, avant de
la pétrir.

IV

De la traînée ; des filochons et des hameçons. Des diverses façons de tendre et de relever.

A *traînée* ou *cordée* est une longue corde, ou mieux un long fouet tressé, bien dévrillé, auquel on attache un plus ou moins grand nombre d'hameçons. Il y a du fouet tressé de plusieurs grosseurs : choisir de préférence le n" 4.

Une traînée à carpe comporte une vingtaine d'hameçons et doit avoir une longueur moyenne de 35 à 40 mètres.

On appelle *filochons* ou *accoyaux*, selon le pays, des cordelettes également bien dévrillées,

à l'extrémité desquelles on empile un hameçon
et que l'on fixe par l'autre bout, au moyen d'un
nœud très solide, sur la traînée, à une distance
de 5 à 6 pieds les unes des autres. Les meilleurs
filochons sont en huit brins de fil de chanvre,
légèrement tordus deux par deux et rassemblés
tous ensemble ; ils doivent avoir une longueur
minimum de 85 centimètres.

De la solidité de ces filochons et de la manière
dont ils sont attachés à la traînée, peut dépendre
parfois le résultat de la pêche.

MANIÈRE D'AMORCER

Pêche à la pâte. — Il faut, quand on emploie
la pâte, se servir d'hameçons triples ; demander
des hameçons anglais *first quality*, *treble
brazed*, *ringed hooks*, n°s 6 et 7. Ils sont d'autant plus faciles à empiler sur le filochon, qu'ils
sont tous à anneaux.

Il y a deux façons d'amorcer à la pâte les
hameçons triples ; la figure ci-après en donne le
dessin, *grandeur exacte.*

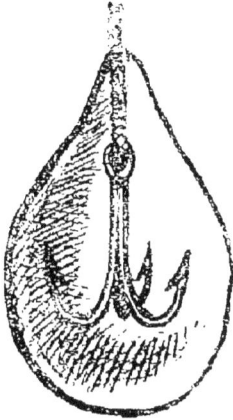 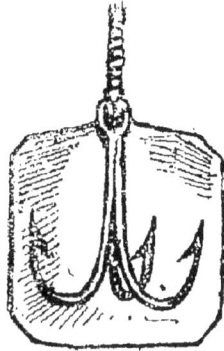

Figure 1.   Figure 2.

Les dimensions de ces amorces peuvent paraître exagérées, mais il ne faut point oublier qu'un long séjour dans l'eau les fait fondre peu à peu et qu'elles ne sont point à l'abri des morsures des petits poissons ; il faut donc qu'il puisse rester assez d'appât pour tenter la Carpe.

Si vous voulez tendre en *poire* (fig. 1), pétrissez avec les doigts un petit morceau de votre pain et donnez-lui cette forme, en ayant le soin de bien loger l'hameçon au milieu. La pâte, quand elle est bien cuite, ne doit pas s'attacher aux mains.

Si, au contraire, vous voulez pêcher avec les petits *cubes* ou *carrés* (fig. 2), prenez votre pain entier, pelez-le avec un couteau comme vous feriez d'une pomme, puis coupez-le dans le sens de la largeur, par tranches transversales de 2 centimètres au moins. Chacune de ces tranches devra vous donner de quoi amorcer quinze ou vingt hameçons. (Voir page 21.)

Pour introduire l'hameçon, il suffit de placer une de ses trois branches sur la face supérieure du cube, de la faire entrer légèrement en pressant avec le doigt, puis d'imprimer à l'hameçon un mouvement de bascule de haut en bas, de façon à le faire pénétrer juste au milieu du petit carré, dont vous arrondirez ensuite les angles ; — ce qu'il faut éviter, c'est que l'hameçon triple puisse ressortir par les mêmes ouvertures par lesquelles il est entré.

Pêche à la fève. — Si vous faites usage des grosses fèves, prenez des hameçons anglais renforcés, à boucle, n°s 0, 1 et 2 ; si, au contraire, vous n'usez que des petites fèves, choisissez le même genre d'hameçons, n°s 3 et 4.

Ces hameçons doivent être empilés directement sur le filochon en chanvre ; il est absolument inutile de mettre un bout de morte-pêche ou de boyaux de vers à soie.

Le dessin ci-dessous donne une idée exacte de la façon dont doivent être amorcés les hameçons, qu'on se serve de grosses ou petites fèves.

 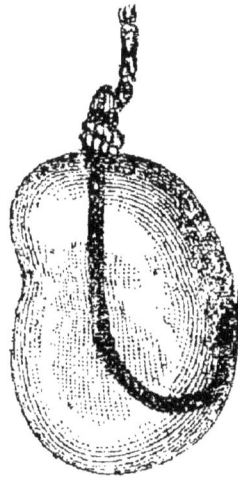

Figure 3.   Figure 4.

L'hameçon doit entrer par la partie supérieure de la fève, près du germe, et de là glisser dans l'intérieur. Quand on l'a retourné, il faut, en passant légèrement le doigt sur le dos de la fève, sentir la pointe toute prête à sortir.

MANIÈRE DE TENDRE

Pour tendre convenablement, il est nécessaire d'avoir à sa disposition un batelet de 5 à

6 mètres de long, autant que possible à rames.
A l'intérieur de ce bateau, on peut établir des
deux côtés, à 5 centimètres au-dessous du bord,
des petites planchettes de 3 centimètres de large,
destinées à recevoir les hameçons amorcés, à
mesure qu'on attache les filochons à la cordée :
cela vaut mieux que de les laisser suspendus en
dehors et les empêche de se brouiller ou de se
défaire au moment de l'immersion.

Une fois votre traînée dévidée et étendue le
long du bateau, commencez par attacher à chaque
extrémité une pierre ou un plomb, dont le poids
ne doit jamais *dépasser une livre ;* ces pierres
doivent maintenir la cordée au fond de l'eau.
Trop lourdes, elles auraient le grave inconvé-
nient ou de faire lâcher prise à la Carpe qui, en
train de mordre, veut emporter sa proie, ou bien,
par suite d'une trop grand résistance, de lui
briser la bouche, si par hasard elle se trouvait
mal piquée.

A l'une de ces pierres ou plombs, vous fixez
un flotteur quelconque, soit en liège, soit en
bois, qui vous indiquera l'endroit où vous avez
tendu et vous permettra de relever votre engin.
Si vous pêchez sur un fond de rocs ou dans un

courant rapide, il est plus prudent de mettre *deux flotteurs,* l'un à chaque extrémité du cordeau, car il arrive souvent que celui-ci est arrèté au milieu des pierres et qu'on l'arrachera plus facilement en le levant d'un côté que de l'autre.

Les pierres et les flotteurs étant placés aux deux bouts de la traînée, occupez-vous à attacher les filochons, le premier à 3 mètres au moins de la pierre et les autres à une distance, chacun. de 4 à 5 pieds. Amorcez les hameçons. en les plaçant au fur et à mesure sur les petites planchettes.

Ce travail fait, il ne vous reste plus qu'à procéder à l'immersion de la traînée.

Pour cela, il faut que le bateau soit mené très lentement, jetez à l'eau la pierre et le flotteur en défaisant la ficelle de celui-ci, et laissez doucement descendre la ligne au fond de la rivière, vous éviterez, pendant cette opération, de tirer sur la traînée, qui ne doit *jamais être tendue au raide.*

On peut tendre de deux façons : en ligne droite ou en rond ; je recommande plus particulièrement la dernière. La figure 5 représente une traînée tendue *en rond* et reposant au fond de l'eau.

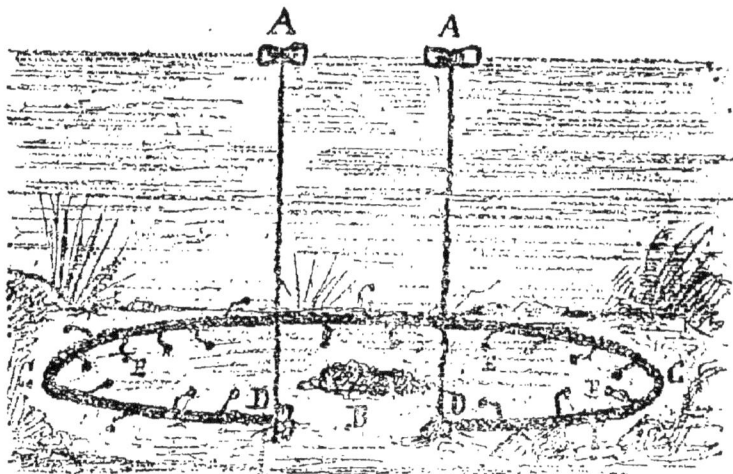

Figure 5.

A A. Les deux flotteurs attachés aux deux pierres D D, lesquelles sont elles-mêmes fixées à chaque extrémité du cordeau.

C C. Le cordeau tendu en rond ou en ovale, car il est très difficile de faire un rond parfait.

E E E. Les filochons attachés à la traînée, de distance en distance, par un nœud coulant, dit *nœud de pêcheur* ou *demi-clef*. A ces filochons sont empilés les hameçons, qu'on a amorcés avec de la pâte ou des fèves.

B. Forte poignée d'appât jetée au milieu de la traînée, lorsqu'elle a été tendue.

L'avantage de tendre en rond consiste en ce que la traînée, ainsi tendue, ne peut jamais être au raide ; elle cèdera toujours, en n'importe quel endroit, à la moindre pression et, conséquemment, permettra à la Carpe de *se ferrer elle-même* avec plus de facilité.

MANIÈRE DE RELEVER

Selon la saison ou la température, il faut relever les traînées de cinq à huit heures du matin.

Aucune difficulté, s'il n'y a pas eu de morsure ; il vous suffit de ramorcer.

Supposons maintenant le cas où il y aurait une grosse pièce de prise ; d'abord le flotteur aura très probablement *changé de place ;* cependant, ce n'est point un indice absolument certain, surtout lorsque le cordeau est tendu en ligne droite. Ensuite, dès les premiers hameçons relevés, vous trouverez les filochons et la ligne plus ou moins *emmêlés,* ce qui est toujours *bon signe*. Enfin, vous sentirez à la main les secousses d'abord légères, puis plus fortes, qui vous donnent la certitude que le poisson est accroché.

Est-ce une Carpe ? Est-ce un Chevenne, également très friand de ces appâts ? Un pêcheur expérimenté ne s'y trompe pas longtemps. Le chevenne (chevanne ou chaboisseau), pris à l'hameçon, *barreye,* comme on dit vulgairement dans le Maine, c'est-à-dire tire vigoureusement sur la ligne, à droite ou à gauche, et cherche à gagner les herbes ou la rive ; la carpe, au contraire, donne des coups plus sourds, quoique violents, répétés à intervalles distincts, et tend toujours à piquer au fond ou à se réfugier sous le bateau.

Admettons que ce soit une belle carpe de 10 à 12 livres ; le pêcheur attentif devra, avec le plus grand soin, relever le cordeau, faire détacher par son aide ou détacher lui-même les filochons, à mesure qu'il les place dans le bateau, — et cela, pour éviter tout accident dans la lutte qui va s'engager.

Le moment psychologique est arrivé ; armez-vous de sang-froid et de prudence, surtout ne *vous pressez jamais* et laissez tout le temps à votre ennemi de se fatiguer lui-même.

Tout d'abord, la Carpe, sentant de la résistance, voudra gagner le large ou piquer au fond; favorisez cette fuite en lui lâchant de la ligne, 5, 6 et 8 mètres, s'il le faut, mais *sentez-la toujours en main* et gardez-vous de mouvements brusques et saccadés.

A cette course, en succèdera d'autres non moins vives ; opérez de même, mais toujours avec vigilance, car au moment où vous vous y attendrez le moins, la Carpe repartira comme une flèche. Ce manège durera plus ou moins de temps, selon la grosseur du poisson, mais la fatigue finira toujours par se manifester. Les coups deviendront moins forts, les secousses moins précipitées : l'ennemi se sentira vaincu. Malgré cela, *soyez patient* et ne cherchez jamais, par une curiosité malsaine, à faire monter la Carpe à la surface de l'eau pour en admirer les formes. Elle y montera elle-même graduellement, à mesure que ses forces diminueront.

C'est à ce moment qu'il faut saisir votre *épuisette* ou *avenau* (ayez-en un de 80 centimètres d'ouverture). Placez-le doucement à un mètre dans l'eau et quand la Carpe haletante, n'en pouvant plus, se mettra sur le flanc ou demeurera presque immobile, faites-la entrer doucement dans votre filet. Vous avez la victoire.

Détachez l'hameçon avec précaution, et évitez de *faire saigner* votre Carpe si vous voulez la conserver, ou de la laisser se heurter au bateau. contre lequel elle se tuerait infailliblement en se débattant.

Maintenant, il s'agit de ramasser vos engins et d'en prendre soin.

Je donne, dans la figure 6, un moyen très pratique de placer les hameçons et de plier les traînées, pour les faire sécher ensuite.

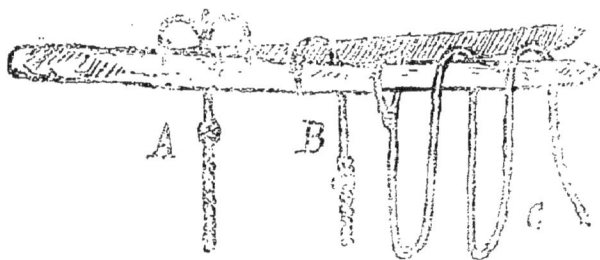

Figure 6.

Coupez un bois long de 30 centimètres environ, — de l'aulne préférablement, — et fendez-le jusqu'aux deux tiers de sa longueur. Dans l'un, vous mettrez les hameçons triples A ; dans l'autre, les hameçons simples B ; de cette façon, les pointes ne peuvent s'émousser.

Pour plier les cordeaux C, vous employez le même système, en faisant passer la première boucle de votre traînée dans l'une des branches et en pliant successivement, entre les deux, tout le corps de la ligne, par longueurs de 40 à 50 centimètres.

Pour être aussi complet que possible, je terminerai cette notice en indiquant comment on peut faire voyager les Carpes à sec cinq et six heures après la prise, et les conserver vivantes : c'est tout simplement en leur introduisant dans la bouche, en assez grande quantité, de *la mie de pain égrenée dans un peu d'eau additionnée de cinq à six gouttes de Cognac*, et de les placer ensuite dans un panier avec du foin et de la paille. S'il fait très chaud, entourez-les d'herbes mouillées.

Elles mettront peut-être quelque temps à reprendre l'eau dans votre vivier, — parfois trente à quarante minutes, — mais elles reviendront certainement à la vie et vous pourrez les conserver ainsi jusqu'à l'heure suprême du court-bouillon.

CHATEAU-GONTIER, IMPR. H. LECLERC.

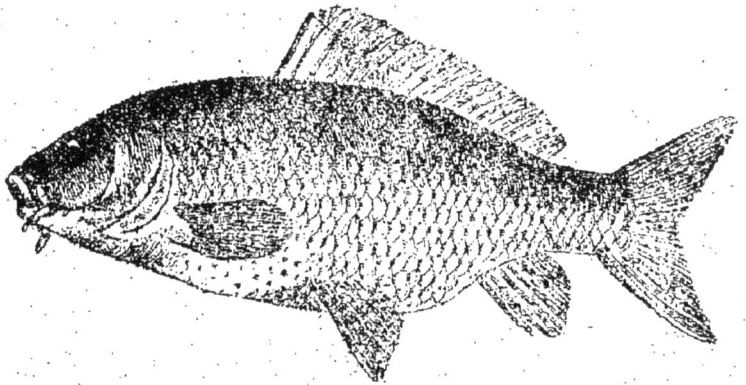